厨房里的科学

# 厨房里的生物

## 变颗种子去旅行

陈怡萱 编著

石油工业出版社

**图书在版编目（CIP）数据**

厨房里的生物. 变颗种子去旅行 / 陈怡萱编著.
北京：石油工业出版社, 2024. 12. -- ISBN 978-7
-5183-7182-2

Ⅰ. Q-49

中国国家版本馆CIP数据核字第2024N0N245号

# 厨房里的生物　变颗种子去旅行

陈怡萱　编著

出版发行：石油工业出版社
　　　　　（北京安定门外安华里 2 区 1 号楼 100011）

网　　　址：www.petropub.com

编 辑 部：（010）64523689

图书营销中心：（010）64523633

经　　　销：全国新华书店

印　　　刷：北京中石油彩色印刷有限责任公司

2024 年 12 月第 1 版　2024 年 12 月第 1 次印刷
850 毫米 × 1000 毫米　开本：1/16　印张：5.5
字数：61 千字

定价：49.80 元

（如出现印装质量问题，我社图书营销中心负责调换）

# 前 言

厨房里有什么？你一定会说：有柠檬、菠萝、紫甘蓝，有白醋、食盐、小苏打，有筷子、汤勺、饼干盒，还有热汤、面包、白米饭……

可是，你知道吗：细菌也分好和坏？酵母也会吹气球？豆角蔓是攀爬高手？蔬菜水果也能当"医生"？桃子甜甜的果肉居然是果皮？薄薄的面包片上有一个热热闹闹的微世界？我们吃的大米不是稻子的种子，而是稻子的胚乳？

翻开这本书，你就如同走进了一个妙趣横生的科学王国。这里有充满好奇心的牛小顿、知识渊博的怪博士、善良可爱的嘟嘟国王、细致周到的慢吞吞小姐……他们在小小的厨房里，用一个个风趣幽默的故事，为我们呈现出一场场精彩的科学盛宴。

故事中疑点重重，别着急！"生物知多少"板块用生物知识，深入浅出地为你释疑解惑，揭开日常现象中所包含的科学原理。

"厨房是个实验室"板块里，设计了许多富有创意的科学小实验。小实验用到的实验器材都是厨房里的常见物品，轻松可得。科学实验卸下了它的严肃和刻板，变得有趣又亲切。

在这里，厨房不仅仅是烹饪的场所，更是小朋友们爱上科学、探索科学的起点。

# 目　录

# 花里有什么

## 花和果实

　　水蜜桃熟了，牛小顿决定开一个热热闹闹的"水蜜桃大会"。吃着甜甜的桃子，牛小顿脑子里冒出好多个小问号：好吃的果肉是桃子的什么部位？桃子的结构是什么样的？花里有什么呢？一朵花是怎么变成清甜可口的果实的呢？层层包裹的种子是如何产生的？

牛小顿家后面的山坡上长满了桃树。现在，正是桃子成熟的时候，牛小顿从后山坡摘回满满一大篮水蜜桃，他想：不如开个"水蜜桃大会"，邀请大家一起来吃桃！

牛小顿把水蜜桃洗得干干净净，然后，打电话邀请嘟嘟国王、怪博士、急匆匆先生和胖公主。不一会儿，大家都到齐了，"水蜜桃大会"正式开始。

牛小顿拿起一个粉嘟嘟的水蜜桃，使劲儿咬了一口，只觉得满嘴清甜。他忍不住称赞道："水蜜桃的种子可真好吃！"

"不对、不对！"怪博士急忙笑着纠正，"我们吃的可不是水蜜桃的种子，而是它的果实，确切地说，是它的果皮。"

"什么？"嘟嘟国王叫了起来，"我们竟然一直在吃'皮'！"

怪博士笑着点点头，用水果刀切开一个水蜜桃，对大家说："桃子的

果实包括果皮和种子
两部分。其中果皮又分成
三层，最外面这层是外果皮，
我们最爱吃的果肉是中果皮，里
面硬邦邦的那层是内果皮，最里面
的桃仁才是桃子的种子。"

众人这才恍然大悟。牛小顿的脑子里又冒
出一个小问号："这么好吃的水蜜桃是怎么长成的呀？"

怪博士解释道："水蜜桃是果实，果实都是由花变成的。"

"可花和果实长得一点儿都不像啊！"牛小顿很好奇，"花里有
什么呀？它是怎么变成果实的呢？"

怪博士吃完桃子，擦了擦嘴，说："正好我刚刚发明了一台时空穿梭机，坐上它，可以穿梭到任意时间。不如我们回到三个月以前，那时桃花开得正旺！"

急匆匆先生想都没想，就急匆匆地嚷嚷道："我也去、我也去！"

"我可不去！"胖公主把头摇得像拨浪鼓，"我对花粉过敏，桃花开的时候，空气中飘着好多花粉颗粒，我一闻到，就会不停地打喷嚏！"

"我也不去！"嘟嘟国王一个劲儿摆手，"三个月前，我的脚扭了，现在刚好。我可不想回到三个月前再扭伤一次。"

于是，急匆匆先生和牛小顿跟着怪博士，坐上了时空穿梭机。怪博士在屏幕上输入了几个字——"三个月前"，然后按下按钮……

"嗖"的一声，时空穿梭机腾空而起，一转眼，他们来到三个月前的后山坡，山坡上的桃树枝头开满了花。

急匆匆先生一阵惊喜："哈！真的能回到三个月前！"他兴奋地张开双臂，在山坡上到处乱跑。

怪博士拉着牛小顿来到一棵桃树下，指着一朵桃花对牛小顿说："瞧，这粉嘟嘟的花儿多么好看！花儿把自己打扮得漂漂亮亮，是有目的的。"

牛小顿一听乐了："花儿还有这些小心思呢？"

"当然啦！"怪博士说，"花儿把自己打扮得漂漂亮亮，并且散发出迷人的香味儿，分泌出香甜的花蜜，都是为了吸引昆虫，比如蜜蜂、蝴蝶等，帮它授粉。"

正说着，几只小蜜蜂"嗡嗡嗡"飞过来，落在花蕊上，伸出吸管一样的嘴巴，津津有味地吸

着花蜜。它们在柔弱的花蕊上爬来爬去，吸吸这里，舔舔那里，又从这朵花飞到那朵花。

"可恶！这些蜜蜂一顿乱爬，简直是在搞破坏！"牛小顿抬手就要拍。

"停停停！"怪博士急忙拦住牛小顿，说道，"这些蜜蜂可不是在搞破坏，它们是花儿用自己香香甜甜的花蜜请来的'贵客'！"

"花儿请它们来做什么？"牛小顿不解地问。

怪博士没有回答，而是掏出放大镜，对着一朵朝向他们的桃花，让牛小顿仔细观察："这朵花儿有花瓣、花萼、花托、雄蕊和雌蕊。花萼在最外面，与鲜艳的花瓣一起环绕着雄蕊和雌蕊，最下面是花托。雄蕊由花丝和花药组成，花药里可以产生花粉。雌蕊在花儿的正中央，由柱头、花柱和子房组成。子房像一个小屋子，里面住着胚珠。等到时机成熟，胚珠就会变身成种子宝宝。"

"那么，胚珠什么时候能变成种子宝宝呢？"牛小顿忍不住问。

"胚珠要想变成种子宝宝，必须有花粉的帮忙。"怪博士说，"雄蕊是种子宝宝的爸爸，雌蕊是种子宝宝的妈妈。雄蕊花药里的花粉成

熟后，包含营养细胞和精子。当成熟的花粉落到雌蕊的柱头上，就会萌发出又细又长的花粉管，花粉管穿过花柱进入子房。精子就沿着这条细细长长的专用通道进入子房，到达胚珠，和胚珠里的卵细胞结合，形成受精卵。受精卵慢慢成长为种子，这样，种子宝宝就诞生了。"

牛小顿问："可这和蜜蜂有什么关系呢？"

"当然有关系啦！"怪博士笑眯眯地说，"花儿不会动，雄蕊上的花粉怎么才能落到雌蕊的柱头上呢？"

"哦，我明白了！"牛小顿恍然大悟，"蜜蜂爬来爬去，浑身沾满花粉，就可以把花粉带到柱头上；当它飞进别的花里，还可以把花粉带到别的花的柱头上。"

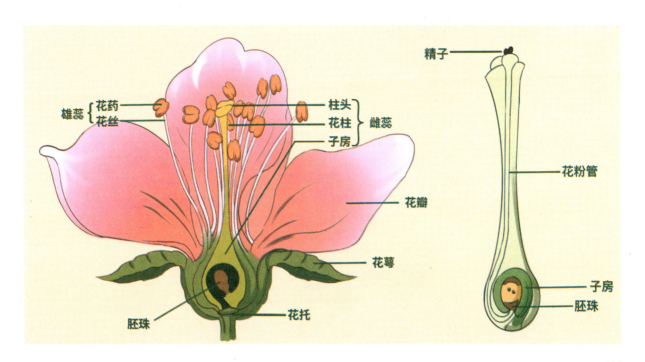

"没错！"怪博士点点头，接着说，"种子宝宝诞生后，花瓣慢慢凋谢，子房慢慢发育成果实。其中，子房壁发育成果皮，胚珠发育成种子。"

牛小顿终于明白了："原来果实是子房发育来的呀！"

正说着，远处突然传来急匆匆先生的呼救声："救命呀、救命呀！"

怪博士和牛小顿急忙寻着声音看过去，只见急匆匆先生正狼狈不堪地捂着脑袋飞奔，头顶上一群黑压压的蜜蜂紧追不舍。

"糟糕！"怪博士很着急，"急匆匆先生一定是撞到了蜂窝！"他对急匆匆先生大声喊："快用衣服包住头和手，别让皮肤露在外面，趴在地上！"

　　急匆匆先生连忙脱下外套，把头和手裹得严严实实，趴在草地上不动了。过了好一会儿，盘旋在急匆匆先生上方的蜜蜂们终于"嗡嗡嗡"地飞走了。

　　急匆匆先生这才战战兢兢地站起来，重新穿好外套。不过，他的脑袋还是被蜜蜂们蜇了好几个大鼓包。

　　"呜呜呜……都怪我，来得急匆匆的，没有细想……"急匆匆先生疼得哭哭啼啼，"三个月前，我在这里被蜜蜂蜇得满头是包，这才刚好，就又穿梭回来，重新挨了一次蜇！"

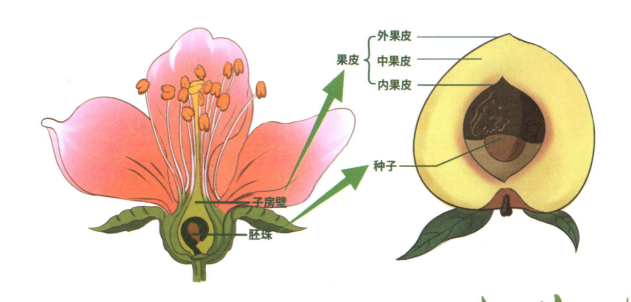

# 生物知多少

我们的周围到处都是植物。乡间小路边的狗尾草，公园里的松树，花园里的玫瑰，餐桌上的白菜、土豆、蘑菇、海带……它们的长相千差万别，却都是植物。

千姿百态的植物根据繁殖方式不同，可以分为孢子植物和种子植物。

孢子植物靠孢子繁殖，比如蘑菇、海带、紫菜、蕨菜等都是孢子植物。孢子是个柔弱的娇气包，只能在温暖湿润的环境中萌发，发育成新植物。如果孢子落到恶劣环境中，很快就会死掉。

相对而言，种子植物的种子就强大多了。种子里含有丰富的营养物质，对环境适应能力强。如果种子落到恶劣环境中，它就会休眠，等到环境变好再萌发。一千多年前的莲子，在合适的生长条件下精心

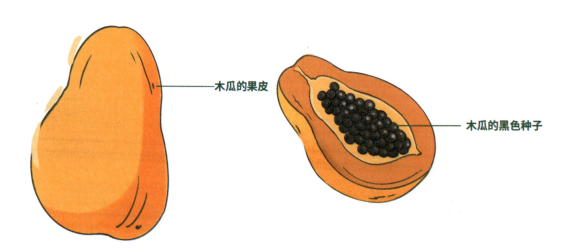

木瓜的果皮

木瓜的黑色种子

养护，也能发芽开花。

种子植物根据种子外面有没有果皮，分为裸子植物和被子植物。

裸子植物的种子是裸露的，外面没有包着果皮。裸子植物种类不多，大约只有800种。比如银杏、苏铁、油松、侧柏等。

被子植物的种子外面有果皮。果皮像一层"被子"，把种子"包裹"起来。被子植物种类繁多，约有30万种。比如花生、大豆、西红柿、苹果、葡萄、玉米、玫瑰、百合、毛白杨、国槐等都是被子植物。

被子植物根据种子内部的差别，又分为单子叶植物和双子叶植物。单子叶植物的种子有胚乳，有一片子叶；双子叶植物的种子无胚乳，有两片子叶。关于单子叶植物、双子叶植物的种子的结构，我们会在第24～25页的"生物知多少"中讲解，感兴趣的小朋友接着往下看吧！

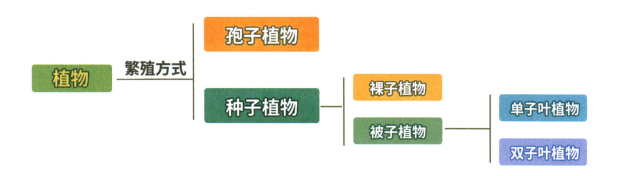

# 厨房是个实验室

## 真果假果大比拼

🔍 **实验准备**

桃子 1 个　草莓 1 颗　苹果 2 个　放大镜 1 个　水果刀 1 把
菜板 1 块

**实验步骤**

（1）把桃子从中间竖着切开，仔细观察桃子的结构。

（2）把一个苹果竖着切开，另一个苹果横着切开。仔细观察苹果的结构，并和切开的桃子做对比。

（3）把草莓从中间竖着切开。用放大镜仔细观察草莓的结构，比较草莓和桃子、苹果的区别。

切水果时，一定要注意安全。请在家长陪同下完成。

果实竟然也有真假之分！像桃子一样，由子房发育而成的果实，叫真果。子房壁发育成果皮，胚珠发育成种子，共同构成果实。

可是，有些植物除了子房，还有花托、花萼、花冠等也参与了果实的发育形成。这种不是由子房单独发育成的果实，就叫假果。比如苹果，我们吃的果肉是花托发育成的假果，吃剩下的苹果核才是它真正的果实；草莓果肉也是花托发育而来的假果，它真正的果实是嵌在表面的那些"草莓籽"。

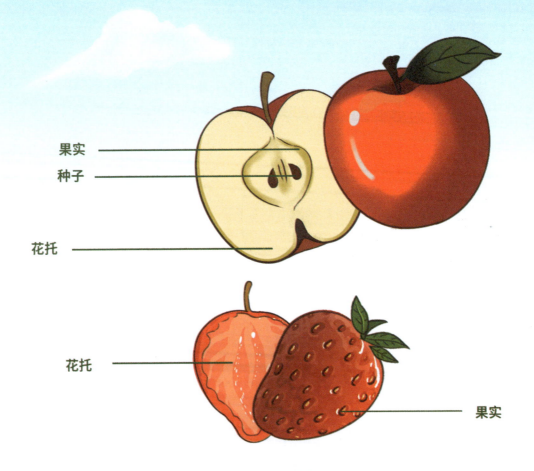

果实

种子

花托

花托

果实

# 变颗种子去旅行

## 种子

　　嘟嘟国王散步时看到怪博士菜地里的菜豆幼苗，他很好奇：菜豆是怎么从一粒种子变成一株幼苗的呢？

　　接着，嘟嘟国王来到海边，遇到了咕噜魔法师，他们在海边发现了什么？

　　嘟嘟国王想来一趟有趣刺激的免费旅行，于是，咕噜魔法师用魔法赋予了嘟嘟国王"变身"为种子的能力。

　　"变身"的嘟嘟国王经历了什么呢？

嘟嘟国王吃过早饭，心满意足地出去散步。经过一片菜地时，他看到怪博士正笑眯眯地站在地头。

"快来看！"怪博士向嘟嘟国王招招手，又指了指地里嫩绿色的小苗说，"前些天，我把一些菜豆种子埋进了土里，几场雨过后，菜豆竟然长成小幼苗啦！"

"哇，真的！"嘟嘟国王很好奇，"菜豆是怎么变成幼苗的呢？"

怪博士说："据我所知，菜豆种子在地里吸收营养，种子的胚根慢慢长大冲破种皮，向下生长，形成主根。同时，种子的胚轴向上生长、伸长，把胚芽和子叶一起推出了地面。慢慢地，根变得越来越粗壮，从土壤里吸收水分和营养。伸出地面的子叶展开变成绿色，开始进行光合作用，获得能量供胚芽成长。有了水分、营养和能量，胚芽渐渐地变成了茎和叶，也开始进行光合作用。这时，子叶完成了它的使命，慢慢枯萎脱落。于是，一株能独立生活的小幼苗就长成啦！"

"几个月过后，这些小幼苗长大，又会结出许许多多的菜豆。"嘟嘟国王忍不住赞叹道，"种子可真伟大！"

怪博士点点头，笑着问嘟嘟国王一个问题："你早饭吃了什么？"

嘟嘟国王摸了摸大肚皮，说："两个馒头、三片面包、一杯豆浆、一碗小米粥、一盘西红柿黄瓜沙拉。对了，饭后，我还吃了一把炒瓜子。"

"看来，你早饭吃的都是种子。"怪博士说，"小麦的种子去掉种皮磨成面，做出馒头、面包；大豆的种子磨成豆浆；谷子的种子去皮做成小米粥；向日葵的种子做成炒瓜子；黄瓜和西红柿的种子软软的，你还没有感觉到，就已经把它们吃进肚子里了。"

"这么说，我们的一日三餐都离不开种子咯！"嘟嘟国王对这些小小的种子们又是感激又是喜爱。

嘟嘟国王告别怪博士，离开菜地，散步到海边。海面上漂来一个大椰子，嘟嘟国王很惊讶。他四下看了看，发现咕噜魔法师正站在海边看风景，赶忙跑过去问："椰子为什么漂在水面上呀？"

"椰子是椰树的果实，里面包着椰树的种子。它可是出了名的'水上旅行家'哪！"咕噜魔法师慢悠悠地解释道，"椰子漂在水面上到处旅行，它一路顺水漂呀漂，直到找到合适的落脚点，才会停下来，在那里生根发芽，安家落户。"

"多么好玩的旅行呀！有趣、刺激，还省了不少交通费和住宿费。"嘟嘟国王非常羡慕。

"椰子漂洋过海寻找落脚点，并不是为了寻找刺激，其实它是在传播种子。"咕噜魔法师看了嘟嘟国王一眼，接着说，"植物的果实成熟后，如果直接落到地上，种子会永远生活在妈妈的'阴影'下，很难见到阳光。而且很多种子挤在一起，以后长出来的植物宝宝们会互相争夺水分、空间和阳光，存活率很低，即便都活下来，也容易造成营养不良。"

"那可怎么办呀？"嘟嘟国王替植物宝宝们着急。

"别急，植物妈妈们很聪明。"咕噜魔法师笑眯眯地说，"它们都有自己传播种子的巧妙方法：有的靠风或动物帮忙，有的靠自己的力量，还有很多生长在水边的植物会靠水来传播种子。椰子就是这样。"

"哈！真有趣！"嘟嘟国王越听越兴奋，他催促咕噜魔法师，"快用你的魔法帮帮我！我要像种子一样开始一次奇妙的免费旅行！"

"好吧！"咕噜魔法师举起魔法棒对着嘟嘟国王一挥，"超级大变身——变蒲公英种子。"

风一吹，嘟嘟国王感觉自己变成了一颗轻盈的种子，正举着一把轻飘飘的小伞，向远方飞去。

　　不一会儿，远处突然传来嘟嘟国王的大叫声："救命呀！救命呀！"

　　咕噜魔法师急忙寻着声音一边跑，一边仰头找。终于，咕噜魔法师在一棵大树的树梢上，找到了胖胖的蒲公英种子。

　　"天哪！风好大，把我越吹越高……"胖胖的蒲公英种子挂在树梢上，说话哆哆嗦嗦，"可是，我恐高……眼睛都不敢睁开！差点儿把我吓死！"

　　"好吧！那就换一种变法。"咕噜魔法师举起魔法棒，对着胖胖的蒲公英种子挥了挥，"超级大变身——变喷瓜种子。"

嘟嘟国王变成了一粒胖胖的喷瓜种子，躲进大树下一个熟透了的大喷瓜里。

　　胖胖的喷瓜种子刚刚躲进去，只听"砰！"的一声，喷瓜爆炸了，无数个小小的种子带着黏液喷出几米远。

　　突然，几米外又传来嘟嘟国王的大叫声："救命呀！救命呀！"

　　咕噜魔法师急忙跑过去，他在乱草丛里发现了胖胖的喷瓜种子。

　　胖胖的喷瓜种子一阵抱怨："天哪！喷瓜的劲儿可真大！差点儿把我摔死！"

　　"好吧！那再换一种变法。"咕噜魔法师用魔法棒对着胖胖的喷瓜种子一指，"超级大变身——变樱桃种子。"嘟嘟国王变成了一粒樱桃种子，钻进一颗红樱桃里。

　　过了几个小时，咕噜魔法师正躺在草地上晒太阳，突然，不知哪里传来嘟嘟国王的大叫声："救命呀！救命呀！"

　　咕噜魔法师急忙在四周找啊找，可是，他找了大半天，也没有找到嘟嘟国王变成的胖樱桃种子。

　　"你在哪里呢？"咕噜魔法师急得大声问。

　　"在小鸟的便便里呢！"脚下传来嘟嘟国王气急败坏的声音，"小鸟把樱桃吃进了肚子里，果肉消化掉了，可我变成的樱桃种子硬邦邦的，不好消化，就裹在便便里被小鸟拉出来了！"嘟嘟国王闷在便便里一个劲儿地干呕，"好臭呀……差点儿把我熏死！"

不同品种的植物，其种子的大小、颜色、形状也各不相同。个头最大的当属海椰子。海椰子也叫复椰子、双椰子，大约重20千克，里面的种子有15千克左右。个头最小的是斑叶兰的种子，200万粒才重1克。

种子是五颜六色的，但其中大约有一半是黑色和棕色的。

种子的形状有圆有扁，大多数是球形、椭圆形、肾脏形、牙齿形、纺锤形、扁圆形等。但也有一些种子形状奇异，比如荞麦的种子是三棱形的，梧桐的种子像小船，菱角的种子像牛角，蒲公英的种子像小伞，龙脑香的种子像小鸟，苍耳的种子像小刺猬。

而根据种子的结构不同，植物一般分为两类：一类是双子叶植物，比如花生；另一类是单子叶植物，比如玉米。

它们的种子内部结构是什么样的呢？我们把玉米和花生的种子剖开看一看吧！

从第25页的图示可以看出，它们的种子都有种皮和胚。种皮可以保护种子的内部结构。种子萌发后，胚根发育成根，胚芽发育成茎和叶，胚轴发育成连接根和茎的部分。

不过，它们的子叶功能是不同的。双子叶植物的种子没有胚乳，但有两片非常饱满的子叶，用来储存营养物质；而单子叶植物种子的子叶只有小小的一片，没什么营养，主要是用来运输营养物质，单子叶植物种子的营养物质主要储存在胚乳中。

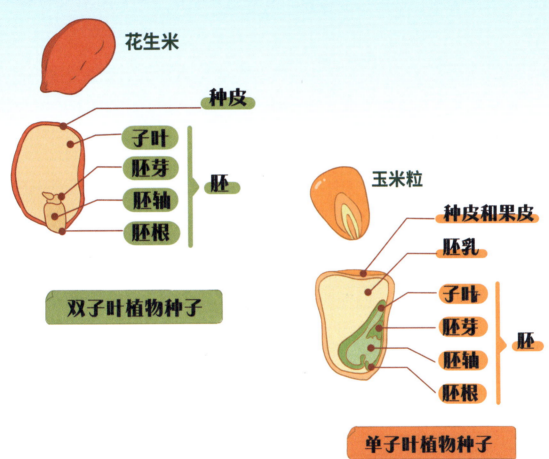

花生米

种皮

子叶

胚芽

胚轴

胚根

胚

双子叶植物种子

玉米粒

种皮和果皮

胚乳

子叶

胚芽

胚轴

胚根

胚

单子叶植物种子

厨房是个实验室

# 发芽大比拼

## 🔍 实验准备

玻璃瓶5个　标签5个　绿豆若干　喷水壶1个　水适量

厨房用纸1卷　鞋盒1个　冰箱1台

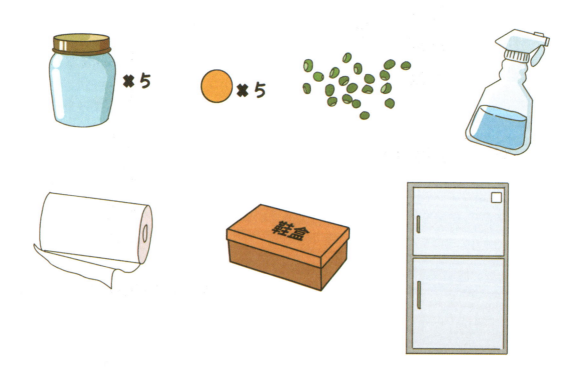

## 🧪 实验步骤

（1）在5个玻璃瓶上分别贴上标签，从1到5编号。分别在1号、2号、3号玻璃瓶的瓶底铺上2张湿润的厨房用纸，在4号玻璃瓶里铺上干燥的厨房用纸，5号玻璃瓶里加入大半瓶水。

（2）在5个玻璃瓶中，分别放入20颗绿豆。

（3）把1号、4号、5号玻璃瓶放到温暖的阳台上，让它们接受阳光的照射；把2号玻璃瓶放进遮光的鞋盒里，连同鞋盒一起放在阳光下。

（4）把3号玻璃瓶放进冰箱0℃保鲜层。

（5）每天用喷壶向1号、2号、3号玻璃瓶里喷水两次，使厨房用纸保持湿润。

（6）5天后，观察发现：1号、2号玻璃瓶中的绿豆发芽了，3号、4号、5号玻璃瓶中的绿豆没有发芽。

适宜的温度、充足的水分、足量的空气是种子萌发的条件。1号、2号玻璃瓶满足种子萌发的条件，于是绿豆发芽了。3号玻璃瓶所处环境温度太低，4号玻璃瓶中水分不足，5号玻璃瓶里的绿豆完全泡进水里，不能和空气接触，因此3号、4号、5号玻璃瓶里的绿豆都没有发芽。

2号玻璃瓶放进遮光鞋盒里，但里面的绿豆也发芽了，说明光照并不是发芽的必要条件。只是光照会影响绿豆萌发后的生长，没有光照的幼芽不能进行光合作用，叶片会发黄；而有光照的幼芽能进行光合作用，叶片会变绿。

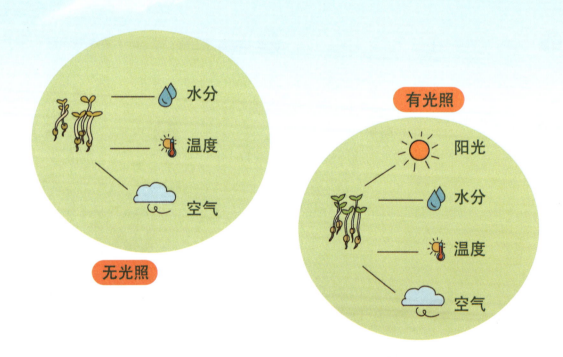

水分
温度
空气
无光照

有光照
阳光
水分
温度
空气

# 神奇的茶叶

## 茶

　　牛小顿发现慢吞吞小姐的茶壶里有种神奇的树叶，这种神奇的树叶是什么呀？慢吞吞小姐和牛小顿决定一起制茶，他们是怎样制作茶叶的呢？一杯茶水里有哪些营养物质？这些营养物质对人体有什么好处呢？

在悠闲的午后，慢吞吞小姐坐在门前大树下，拿出茶具放在石桌上。她泡了一壶绿茶，一小口、一小口地慢慢喝。

牛小顿路过，看到慢吞吞小姐杯子里的水，好奇地问："这个绿绿的，是什么饮料？"

慢吞吞小姐慢悠悠地放下杯子，答道："这是绿茶。"

"绿茶？"牛小顿饶有兴趣地问，"绿茶是什么样的？"

慢吞吞小姐笑眯眯地打开茶壶盖子给牛小顿看："这里面泡的就是绿茶。"

牛小顿伸头仔细一看，只见水中有几片青绿的叶子，他不解地问："这不就是树叶吗？"

慢吞吞小姐笑着说："对呀！茶是茶树的嫩叶制成的。传说，神农氏为了知道什么植物可以吃、什么植物可以治病，就亲自尝试。有一天，神农氏尝百草中了毒，躺在一棵树下奄奄一息。恍惚间，他闻到树叶清香扑鼻，忍不住摘了几片吃下。没想到这些树叶的汁液竟然帮他解了毒。于是神农氏把这种植物命名为'查'，后来演化成'茶'。在隋唐以前，茶叶都是从茶树上摘下来直接嚼着吃的，后来才慢慢变成现在的'喝茶'。"

慢吞吞小姐说着，提起茶壶，给牛小顿倒了一杯，招呼道："你来尝一尝。"

牛小顿小心翼翼地喝了一小口，咧咧嘴："有点儿苦。"

慢吞吞小姐笑着不说话。牛小顿又慢慢咂了咂舌头，说："开始有点儿苦，可再细细品一品，又生出一丝甘甜。好奇妙的味道，好神奇的树叶！"说完，牛小顿忍不住又喝了一口，细细品味起来。

喝完一杯茶，牛小顿对茶有了浓厚的兴趣，禁不住向慢吞吞小姐请教："这么奇妙的茶是怎么做成的呢？"

"请跟我来。"慢吞吞小姐放下茶杯，带着牛小顿来到院子里。院

子里的竹筛上放着很多新鲜的绿色树叶。慢吞吞小姐说："这是我早上刚刚从后山坡的老茶树上采摘的茶叶。"

牛小顿捏起一片茶叶仔细看了看："咦，这些茶叶都是一个小嫩芽加一片叶子的呀？"

"这叫一芽一叶。"慢吞吞小姐说，"这些天，茶树刚刚抽芽，叶片是嫩绿嫩绿的，很柔软，采摘时都是摘单芽或一

单芽　一芽一叶　一芽两叶　一芽三叶

芽一叶。"慢吞吞小姐说完，又补充了一句："单芽茶，也叫独芽茶，是采摘茶枝顶端刚刚萌发的芽尖制成的。这些芽尖又嫩又小，差不多4万枚芽尖才能炒成一斤单芽茶。"

牛小顿不禁感叹道："天哪！单芽茶一定很珍贵吧？"

"当然！"慢吞吞小姐点点头，接着说，"单芽茶外形优美，氨基酸含量高，香味清新，冲泡后一根一根竖起来，像春天田野里新长出来的草叶，看起来赏心悦目。可这样的茶不耐泡，滋味清淡，少了些醇厚的味道。"

牛小顿问："那么，一芽一叶是什么样的？"

慢吞吞小姐说："一芽一叶就是一个芽头连带边上的一片叶子。它的味道最甘醇，茶多酚、咖啡因含量较高，汤质鲜爽，提神醒脑。除了单芽和一芽一叶，还有一芽两叶、一芽三叶。"慢吞吞小姐接着

介绍，"一芽两叶老嫩度刚刚好，芽头富含氨基酸和多种维生素，氨基酸让茶汤味道鲜爽，香气高扬。一芽三叶，叶片厚实，可以多次冲

泡，而且一芽三叶酚氨比含量较低。酚氨比越低的茶叶，茶汤味道越醇厚。"

慢吞吞小姐说完，端起竹筛走进厨房。她在炉灶上架起一口大锅，点燃炉灶里的木柴，然后把新鲜的茶叶倒进锅里，锅里马上发出吱吱的响声。

"你这是在做什么？"牛小顿好奇地问。

慢吞吞小姐戴上厚厚的隔热手套，用手不停地翻动着锅里的叶子。锅里慢慢冒出白色的蒸汽。

"先在锅里炒一炒茶叶，可以破坏叶片中氧化酶的活性，抑制茶多酚的酶促氧化，这样，茶叶就能保持绿色了。同时，高温还能使叶片中水分减少，让茶叶变软，方便进行下一步加工。这个过程叫'杀青'。"

牛小顿看得跃跃欲试，他问："接下来做什么呢？"

慢吞吞小姐不慌不忙地把炒过的叶子倒进一个大大的竹匾里，说："接下来是'揉捻'。我们制绿茶，揉捻的力度要放轻一些。如果制红茶，力度就要大一些。制乌龙茶时，

力度则介于两者之间。"说着，慢吞吞小姐蹲下来，轻轻地搓揉叶子。

　　牛小顿也帮着揉起来。刚开始，叶子有点儿烫手，牛小顿揉得小心翼翼。过了一会儿，牛小顿的手法就熟练起来……

　　慢吞吞小姐一边揉叶子，一边说："'揉捻'就是像这样，用合适的力度把茶叶揉成条，同时使叶细胞破碎，这样冲泡茶叶的时候，叶子里的成分能更快速地释放到水里。"

　　叶子揉好了，慢吞吞小姐又把叶子倒进炒锅里，不停翻炒："这一步是'干燥'，可以进一步去除茶叶中多余的水分，让每一片茶叶都具有完美的色、香、味。"

　　锅里的叶子慢慢卷曲起来，越来越细小。终于，茶做好啦！厨房里飘着阵阵茶香。

牛小顿忙拿来热水，迫不及待地说："快、快！我们来品尝一下新制茶叶的味道。"

新制的茶可真香！牛小顿很好奇这么好喝的茶水里到底有什么。

慢吞吞小姐像是看透了牛小顿的心思，她品了一小口茶，慢悠悠地说："茶水不仅好喝，而且还是天然的保健品呢！茶水中含有丰富的营养成分，尤其是茶多酚、茶氨酸、咖啡因被人们称为'茶中三宝'。"

牛小顿问："'茶中三宝'对人体有什么用吗？"

"用处可大着呢！"慢吞吞小姐笑了，"茶多酚号称人体'保鲜剂'，它的味道有点儿苦涩，其中的儿茶素是天然的抗氧化剂，可以保护皮肤，防止衰老。

"茶氨酸是在茶叶中发现的一种特殊氨基酸，它是天然的'镇静剂'，能让人安神醒脑，注意力集中，增强记忆力；咖啡因是天然的'兴奋剂'，能消除疲劳，促使中枢神经系统兴奋，扩张血管，强心提神。"

糖类

咖啡因

天然色素

茶多酚

芳香物质

茶氨酸

牛小顿很不解："茶氨酸和咖啡因，一个安神，一个提神，作用岂不是相抵消了？"

"对。"慢吞吞小姐点点头，"它们两个一个安神，一个提神，相辅相成，让茶叶既有提神的作用，但又不会让人过度兴奋。"

牛小顿禁不住夸赞道："茶叶真神奇，喝茶好处多！"

正说着，急匆匆先生满头大汗地冲进来。看到桌上的茶水，他飞快地倒了满满一大杯，咕咚咕咚，一口气喝了个底朝天。

牛小顿忙问："你有没有觉出喝茶对人体有好处？"

"有哇！"急匆匆先生想都没想，飞快地答，"能解渴！"

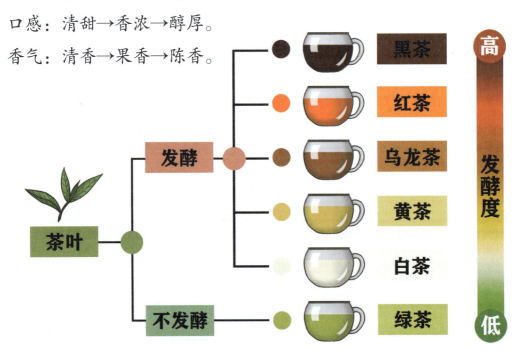

# 生物知多少

中国是世界上最早发现和利用茶叶的国家。茶叶种类繁多，为了方便识别，根据加工方式和发酵程度不同，一般把茶叶分为六大类。

六类茶叶按发酵程度从低到高排列是：绿茶、白茶、黄茶、青茶、红茶、黑茶。其中，青茶通常被叫作"乌龙茶"。

茶叶发酵是指茶叶细胞壁破损后，存在于细胞壁中的氧化酶被激活，在氧气的作用下，将无色的茶多酚转化成茶黄素、茶红素等物质。

茶叶发酵后，茶的颜色、口感和香气也发生了改变。按发酵程度由低到高，茶叶的变化分别是：

颜色：翠绿→深红→乌黑。

口感：清甜→香浓→醇厚。

香气：清香→果香→陈香。

黑茶

红茶

乌龙茶

黄茶

白茶

绿茶

高

发酵度

低

发酵

不发酵

茶叶

除了采摘、杀青、揉捻、发酵（绿茶不经过发酵）、干燥等，六类茶叶的加工工艺都有其独特之处，比如白茶、乌龙茶、红茶制茶过程中的萎凋，黄茶制茶中的闷黄，黑茶制茶中的渥堆等。

"萎凋"是在一定温度、湿度下，把新采摘的鲜叶均匀摊开，适度促进酶的活性，适度发生物理化学反应，散发部分水分，使茎叶萎蔫、青草气散失的过程。

黄茶工艺中的"闷黄"和黑茶工艺中的"渥堆"原理相似，是令杀青后的茶叶在一定的湿度和温度下"发酵"，使叶子的颜色由绿变黄，或由绿变褐。

从具体步骤来说，制白茶相对简单，只需要采摘、萎凋、干燥这三步；最复杂的是制乌龙茶，在采摘、萎凋之后，要先"做青"，才能进行杀青、揉捻、干燥等步骤。做青也叫摇青，即摇动茶叶使它们互相摩擦，促进氧化。这是乌龙茶独有的一个制茶步骤。

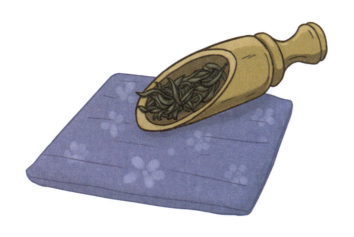

# 焦糖奶茶

## 🔍 实验准备

红茶适量　白糖适量　牛奶适量　开水适量　茶壶 1 个

玻璃杯 1 个　锅、铲 1 套　过滤勺 1 个

## 🧪 实验步骤

（1）将 5 克红茶放进茶壶，用 200 毫升开水冲泡。

（2）把 50 克白糖放进锅里，先开大火到白糖熔化，再开小火，用铲子不停搅拌。

（3）糖变成琉璃色、开始冒泡时，加入少许开水，注意要用铲子不停搅拌避免粘锅。

（4）加入 5 克干红茶，小火炒 2 分钟左右，焦糖变成琥珀色。

（5）加入 500 毫升牛奶，再加入 200 毫升泡好的茶汤。

（6）用铲子搅拌均匀，开大火烧开。

（7）把过滤勺放在玻璃杯上，将锅中的液体通过过滤勺倒入玻璃杯中，过滤掉茶叶。

（8）经过上述步骤，一杯香甜可口的焦糖奶茶就做好啦！

在制作焦糖奶茶时，最好使用红茶。因为红茶在制作过程中经过完全发酵，香气浓郁，口感醇厚。这种香气和口感与牛奶的甜味和奶香融合，能产生独特的美味。相比之下，绿茶口感清淡，略带苦涩，会与牛奶的香甜味道产生冲突。另外，红茶的色泽红润，与白色的牛奶、褐色的焦糖搭配，形成温暖的棕黄色，促进食欲，让人胃口大开。

# 爱吃糖的虎大王

糖

　　嘟嘟国王家的院子里来了个虎大王，爱吃糖的虎大王。怪博士从仓库里推来一车糖让虎大王享用。糖有哪些种类呢？

　　很快，仓库里的糖全都被吃光了，为了让虎大王吃上糖，怪博士又想了个什么好办法？最后，爱吃糖的虎大王变成什么样了？

"嗷呜——嗷呜——"嘟嘟国王正在做梦，突然被一阵嚎叫声吵醒。他不耐烦地从床上爬起来，一边揉眼睛一边嘟囔着："谁呀？这么不礼貌，打扰人家睡懒觉！"

嘟嘟国王眯着眼睛推开门一看，顿时吓得两眼溜圆——又高又壮的虎大王正叉着腰站在院子里。

"你想干什么？"嘟嘟国王迅速关门，隔着门大声问。

虎大王瓮声瓮气地嚷嚷道："我想吃糖！吃很多很多糖！不给糖，我就把你们统统吃掉！"他的声音可真大，院子里大枣树上的树叶被震得直往下掉。

"好吧，请稍等！"嘟嘟国王战战兢兢地回屋给怪博士打电话。

怪博士很冷静，安慰嘟嘟国王道："别着急。稀奇古怪国的仓库里有很多糖，我这就送过去。"

过了 10 分钟，怪博士来了。怪博士推着手推车，车上堆满了一个个装得鼓鼓囊囊的大麻袋和各种瓶瓶罐罐。他把手推车推到虎大王跟前，毕恭毕敬地对虎大王说："请慢用！"

"等一等！"虎大王看着满车的大麻袋和瓶瓶罐罐，心里有点儿怀疑，"这些都是糖吗？"

"当然。"怪博士说，"糖的种类很多，根据分子数的多少，糖分为单糖、双糖、寡糖和多糖。"怪博士拿起一瓶葡萄糖水，接着介绍："单糖有三种：葡萄糖、果糖和半乳糖。这是一瓶葡萄糖，葡萄糖可

以直接被身体吸收利用。我们常把血液里的葡萄糖叫作'血糖'。"

"哦？"虎大王摸摸脑袋，插了一句，"医生说过，我的血糖有点儿高！"

怪博士点点头说："血糖高，就说明血液里葡萄糖含量高。葡萄糖吃起来并不特别甜，但升血糖指数高。说到甜……"怪博士拿起一个杧果和几个荔枝，"果糖是最甜的单糖，主要存在于这些水果中。"说完，怪博士又拿起一罐牛奶，"半乳糖也是一种单糖，主要存在于奶类的乳糖中。"

**单糖**

"拿走、快拿走！"看到牛奶，虎大王暴躁地连连摆手，"我可喝不惯牛奶，一喝牛奶，我就肚子疼。"

怪博士忙把牛奶放到一边，说："你这是乳糖不耐受。"

"'乳糖不耐受'？"虎大王很感兴趣，问，"什么是乳糖不耐受？"

怪博士解释道："乳糖是一种双糖，常见的双糖有三种：麦芽糖、蔗糖和乳糖。"

"双糖又是什么？"虎大王忍不住打断了怪博士的话。

"两个单糖分子手拉手组合在一起，就成了双糖。"怪博士说，

"乳糖是葡萄糖和半乳糖这两种单糖手拉手组合成的，主要存在于乳制品中。乳糖进入小肠后，在乳糖酶的作用下，两个单糖拉着的小手被分开，于是，乳糖被水解成半乳糖和葡萄糖，半乳糖和葡萄糖能直接被吸收。如果小肠内缺少乳糖酶，就不能完成这个水解过程，乳糖不能被直接吸收，于是，就会出现肚子疼、拉肚子等症状。这就是'乳糖不耐受'。"

"怪不得我一喝牛奶就肚子疼呢！原来是小肠里缺乳糖酶呀！"虎大王说完，在手推车里翻来翻去，把里面的牛奶、羊

奶、驼奶……统统扔到一边。"咦？这是什么？"虎大王手里举着一罐黏糊糊的糖问。

"这也是一种双糖——麦芽糖。"怪博士说，"麦芽糖是两个葡萄糖分子手拉手组成的。麦芽糖被吃进肚子后，在小肠里遇到麦芽糖酶，一个麦芽糖分子会被水解成两个葡萄糖分子。所以，麦芽糖吃起来虽然不很甜，但升糖能力超强！千万不能多吃！想吃糖的话，可以试试……"

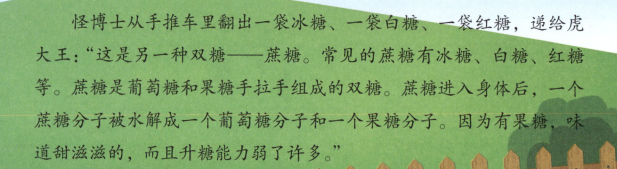

怪博士从手推车里翻出一袋冰糖、一袋白糖、一袋红糖，递给虎大王："这是另一种双糖——蔗糖。常见的蔗糖有冰糖、白糖、红糖等。蔗糖是葡萄糖和果糖手拉手组成的双糖。蔗糖进入身体后，一个蔗糖分子被水解成一个葡萄糖分子和一个果糖分子。因为有果糖，味道甜滋滋的，而且升糖能力弱了许多。"

"我可不管什么血糖不血糖！只要是糖、只要是吃下去不会肚子疼的糖，我要统统吃掉！"虎大王"稀里呼噜"大吃大喝起来，不一会儿，手推车就要空了。最后，虎大王从手推车里拿出一袋淀粉、一袋大米和几个土豆。他吃了一口淀粉，

叫起来："这算什么糖！一点儿都不甜！"

怪博士忙解释道："这也是糖，是多糖！"

"多糖？那应该有很多糖呀，为什么一点儿都不甜？"虎大王的嘴角沾满白色的淀粉，气得直跺脚。

怪博士说："多糖是由很多葡萄糖组成的。一个多糖分子由很多个葡萄糖分子手拉手组成。淀粉就是一种多糖，大米、小麦、土豆等食物里都含有许多淀粉。淀粉吃进身体里，一个淀粉分子会分解成好多个葡萄糖分子。所以这些食物虽然不是很甜，却会引起血糖飙升。"

多糖

"不管、不管！只要是糖，我来者不拒！"虎大王一张大嘴，"啊呜——"一下，把淀粉全都吃掉了。手推车空了，虎大王这才捧着大肚皮，心满意足地走了。

嘟嘟国王松了一口气。可是，第二天一大早，院子里又传来一阵嚎叫声："嗷呜——嗷呜——我要吃糖！吃很多很多糖！"

于是，怪博士只好又从仓库里推来一手推车各式各样的糖。

一个星期后，仓库里的糖都被虎大王吃光了。"这可怎么办？"嘟嘟国王犯了愁。

"别着急。"怪博士提议，"糖吃光了，我们可以找一些含糖食物给虎大王。"

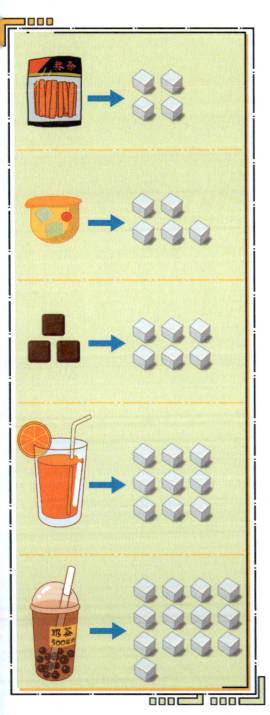

"含糖食物？"嘟嘟国王问，"哪些食物里含糖呢？"

怪博士拉着嘟嘟国王来到"什么都有"杂货店，他拿起一大瓶可乐，又拿起一块方糖，说："这块方糖是 6 克。这瓶 2 升的可乐里就含有 212 克糖，相当于 35 块方糖。"

嘟嘟国王大吃一惊："一瓶可乐就有这么多糖！"

"还有呢……"怪博士说，"一袋辣条里的糖分相当于 4 块方糖，一个果冻里的糖相当于 5 块方糖，3 块巧克力里的糖相当于 6 块方糖，一杯果汁里的糖相当于 9 块方糖，一杯 500 毫升奶茶里的糖相当于 13 块方糖！"

"以前还真没注意，"嘟嘟国王惊得目瞪口呆，"没想到连辣条里都有那么多糖！"

嘟嘟国王和怪博士给虎大王买了一大堆含糖食物，可是，接连好几天虎大王都没有来。

又过了一个星期，一天早上，嘟嘟国王正在睡懒觉，突然，院子里传来微弱的声音："嗷呜——嗷呜——"他好奇地推门一看，只见虎大王胖得像个大圆球，一副无精打采的样子，叫两声就累得停下来喘几口气。

"牙疼……我的牙疼……"虎大王断断续续、有气无力地叫着。

嘟嘟国王急忙打电话叫来哎哟哟医生。哎哟哟医生从药箱里翻出工具，检查虎大王的牙齿，忍不住叫起来："哎哟哟！你吃糖太多，不仅全身虚胖，而且血压血糖也都超高，牙齿还全都坏掉了！必须拔掉！"

不一会儿，虎大王的牙齿全被拔光了，虎大王变成了一个"瘪嘴大王"。

第二天一大早，瘪嘴虎大王又来了，他一说话，嘴巴直漏风："嗷呜……嗷呜……我要吃糖！吃很多很多糖！不给糖，我就把你们统统吃掉……"

嘟嘟国王正在睡懒觉，他连眼睛都没睁开，翻了个身就接着睡了。

毕竟，谁会怕一头没有牙齿的老虎呢？

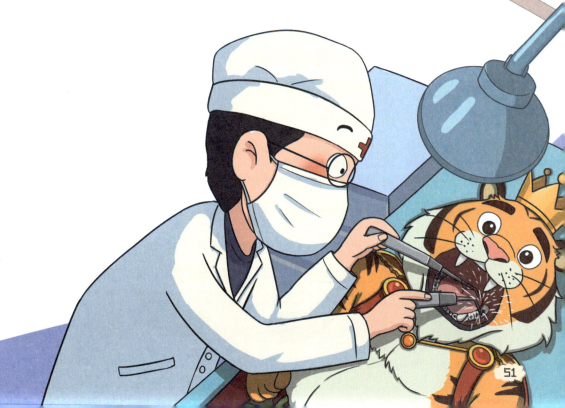

很多人都喜欢吃糖，研究发现，吃糖能促进人体内一种激素多巴胺的分泌，多巴胺能给人带来快乐的感觉。

不少人把"吃糖"当作一种解压方式，喝奶茶成瘾，无法抵抗甜品的诱惑，无糖不欢。但高糖给人们的身体带来很大的危害，比如龋齿、肥胖、糖尿病、高血压等。

世界卫生组织建议每人每天糖分摄入量不超过25克。很多食物中都含有糖，而且含糖量与食物的甜味并不一定匹配：有些并不甜的食物里含糖量很高，有些甜滋滋的食物中含糖量却并不高。

下面是常见食物的含糖量表（按每100克计算）。

豆腐
含糖量约3.4克

猪肉
含糖量约0克

白萝卜
含糖量约4.0克

胡萝卜
含糖量约8.1克

鲤鱼
含糖量约0.5克

茄子
含糖量约4.9克

番茄
含糖量约3.3克

青椒
含糖量约5.2克

冬瓜
含糖量约2.4克

黄瓜
含糖量约2.9克

苦瓜
含糖量约4.9克

南瓜
含糖量约5.3克

**海带**
含糖量约**2.1克**

**西瓜**
含糖量约**6.8克**

**草莓**
含糖量约**7.1克**

**蛋**
含糖量约**2.4克**

**韭菜**
含糖量约**4.5克**

**大白菜**
含糖量约**3.4克**

**油菜**
含糖量约**2.0克**

**菜花**
含糖量约**4.2克**

**芹菜**
含糖量约**3.1克**

**金针菇**
含糖量约**6.0克**

**平菇**
含糖量约**4.6克**

**黑木耳**
含糖量约**6.0克**

**土豆**
含糖量约**17.8克**

**红薯**
含糖量约**15.3克**

**大蒜**
含糖量约**27.6克**

**猕猴桃**
含糖量约**14.5克**

**香蕉**
含糖量约**22.0克**

**苹果**
含糖量约**13.7克**

**梨**
含糖量约**13.1克**

**石榴**
含糖量约**18.5克**

**油条**
含糖量约**51.0克**

**大米饭**
含糖量约**25.9克**

**馒头**
含糖量约**47.0克**

**面条**
含糖量约**22.8克**

# 自制麦芽糖

## 🔍 实验准备

小麦粒 180 克　糯米 750 克　水适量　育苗盘 1 个　碗 1 个
电饭锅 1 个　不锈钢锅 1 个　菜板、菜刀 1 套　喷水壶 1 个
过滤袋 1 个　汤勺 1 个　玻璃罐 1 个

| 小麦粒 | 糯米 | 水 | 育苗盘 | 碗 | 电饭锅 |

| 不锈钢锅 | 菜板、菜刀 | 喷水壶 | 过滤袋 | 汤勺 | 玻璃罐 |

## 🧪 实验步骤

（1）小麦粒放在碗里，加水浸泡 10 小时。注意去除其中发霉的麦粒。

（2）把小麦粒平铺在育苗盘上，每日喷水。注意水的深度不要超过小麦粒。

（3）7天后，小麦芽长到5厘米左右时，拔下洗净切碎。

（4）糯米浸泡4小时，用电饭锅煮熟。

（5）熟糯米晾至50℃，然后和切碎的麦芽混合，在电饭锅里保温发酵6小时。

（6）发酵完成后，取出混合物装进过滤袋，挤压，滤出全部汁水。

（7）把滤出的汁水倒进不锈钢锅里，用大火烧开，再转小火慢慢熬制，用汤勺不断搅拌，直到黏稠。

（8）趁热把黏稠的汁液装进玻璃罐，一罐甜丝丝的麦芽糖就做好啦！

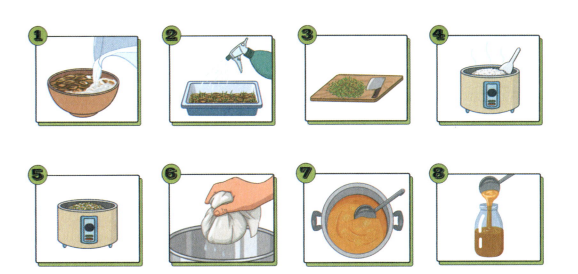

麦芽糖又叫"饴糖"，黄褐色，有光泽，清澈透明，入口甘甜，还有一种特有的清香，具有健脾开胃、润肺止咳、滋养强壮等功效。传统技艺吹糖人、画糖画一般用的就是麦芽糖。

在自然界中，麦芽糖主要存在于发芽的谷粒，尤其是麦芽中，所以叫"麦芽糖"。谷粒发芽时，通常会产生一种淀粉酶，谷粒中的淀粉就在淀粉酶的作用下，水解成了麦芽糖。

麦芽糖虽好，却是不折不扣的"升糖王"，一次不能吃太多哦！

# 辣味儿挑战赛

## 辣椒

麻辣国的麻辣国王来做客，他给嘟嘟国王带来的见面礼是什么呢？是辣椒！嘟嘟国王尝了一个辣椒，嘴巴立刻火辣辣地疼，可是，过了一会儿，为什么他还是想吃辣椒呢？如果嘴巴和手被辣到，该怎样解辣呢？辣椒到底有多辣，能不能衡量呢？

麻辣国的麻辣国王来做客啦！麻辣国盛产辣椒，于是，麻辣国王带来一大麻袋辣椒，送给嘟嘟国王当见面礼："这是辣椒，我们国家最有特色的美食！"

　　最有特色的美食！嘟嘟国王迫不及待地拿起一个辣椒放到嘴里尝了尝——

　　"哎呀！哎呀呀！舌头好疼！"嘟嘟国王立刻把舌头伸出来，还用手不停地在嘴边扇风。

　　"您这是被辣椒辣到舌头了。"麻辣国王不慌不忙地给嘟

嘟国王端来一杯牛奶。

嘟嘟国王喝了几口牛奶，感觉好多了，他问："辣椒是什么呀？怎么味道这么刺激！"

麻辣国王笑眯眯地打开麻袋给嘟嘟国王看："辣椒是茄科辣椒属植物，我们吃的辣椒其实是辣椒植株的果实。它们一般是圆锥形或长圆形，有的身上还皱巴巴的。辣椒果实小时候是绿色的，长大成熟后，不少辣椒颜色发生变化，换上了红色、黄色、橙色、紫色等颜色的漂亮衣裳。辣椒有辣味儿主要是因为辣椒里含有辣椒素。"

果实

种子

"说到辣味儿，有件很奇怪的事……"嘟嘟国王吧嗒吧嗒嘴，"刚才辣得好难受，舌头火辣辣地疼，可为什么现在又有点儿想吃辣椒了呢？还想一会儿炒菜的时候，在菜里放几个辣椒。"

"这就是辣椒有魔力的地方咯！很多人对辣椒是又怕又爱，吃辣上瘾。"麻辣国王说，"其实，'辣'并不是一种味觉，而是痛觉。当我们吃辣椒时，辣椒中的辣椒素被释放出来，辣椒素能够与神经元上的辣椒素受体结合，受体激活后传递给神经系统的信号是'烧灼感'。这种烧灼感会让大脑产生误判，以为口腔被烧伤了，于是大脑开始释放内啡肽等'止疼药'，来安抚'受伤'的口腔。"

说到这里，麻辣国王问嘟嘟国王："你知道内啡肽是什么吗？"

嘟嘟国王摇摇头。麻辣国王说："内啡肽是一种能让人快乐的激素，给人带来身心愉悦的感觉。所以，不少人吃辣椒会感觉'痛并快乐着'，越吃越爱吃，越吃越想吃。"

"对对对！"嘟嘟国王听得直点头，"我现在就是这种感觉。"他又问："为什么刚才我喝了几口牛奶，嘴巴里就感觉没那么辣了呢？"

麻辣国王说："牛奶是公认的解辣高手！它含有酪蛋白，酪蛋白是一种乳化剂，能把辣椒素团团包围，让辣椒素无法与受体结合，人自然就感觉不到辣味了。除牛奶外，酸奶、奶酪等酪蛋白含量高的奶制品都能解辣。"

嘟嘟国王问："如果没有牛奶，喝水能不能解辣？"

"不行、不行，"麻辣国王连连摇头，"辣椒素不溶于水，我们喝水后辣椒素会被水冲得到处乱窜，在嘴里'放飞自我'，我们整张嘴就都觉得辣了。不过，除了喝牛奶，还有个解辣方法也很管用。"

嘟嘟国王连忙问："什么方法？"

麻辣国王拿起旁边的一瓶橄榄油，笑着说："可以用油漱漱口啊！辣椒素不溶于水，但是能溶解在油脂里，用油漱口，可以把嘴里的辣椒素带走。另外，冰激凌中脂肪含量高，而且冰冰凉凉的，是夏天解辣最佳选择哟！"

"这个办法不错！"嘟嘟国王突然想到了什么，摊开两手问："如果手被辣到，是不是也可以用油解辣呢？"

"可以啊！"麻辣国王点点头说，"手被辣到，可以先用油搓一搓，让辣椒素溶解在油里，然后再用温水和肥皂把油清洗掉，这样，辣椒素也就一起被冲走了。"

| | |
|---|---|
| >100000 | |
| 50000~100000 | |
| 30000~50000 | |
| 15000~30000 | |
| 5000~15000 | |
| 2500~5000 | |
| 1500~2500 | |
| 1000~1500 | |
| 500~1000 | |
| 0~500 | |

单位：斯科维尔

听完麻辣国王的介绍，嘟嘟国王不禁对麻袋里的一个个辣椒产生了更加浓厚的兴趣。他蹲下来，仔细观察那些辣椒，发现里面的辣椒有大有小，有的外皮硬邦邦，有的外皮皱巴巴。他问："什么样的辣椒更辣呢？"

麻辣国王随手拿起一个大青椒，说："一般情况下，个头越小、皮越皱的辣椒就越辣。像这样的大青椒只能算是微辣。"

"微辣？"嘟嘟国王好奇地问，"微辣是多辣？"

麻辣国王说："辣度的国际通用单位是'斯科维尔'。人们根据辣度不同，把'辣'分成十级：一级辣度是0～500，二级辣度是

500 ～ 1000，三级辣度是 1000 ～ 1500，四级辣度是 1500 ～ 2500，五级辣度是 2500 ～ 5000，六级辣度是 5000 ～ 15000，七级辣度是 15000 ～ 30000，八级辣度是 30000 ～ 50000，九级辣度是 50000 ～ 100000，十级辣度则超过 100000 斯科维尔。"

"没想到辣度还能衡量。"嘟嘟国王想了想，突然冒出一个新想法，"不如我们来一场'辣味儿挑战赛'，谁能承受的辣度最高，谁就是冠军！"

"这个想法不错！"麻辣国王举双手赞同，"为了表示支持，我要把我们麻辣国的稀世珍宝作为奖品，颁发给辣味儿挑战赛的冠军。"

辣味儿挑战赛开始啦！大家都兴致勃勃地前来参加比赛。

第一轮：挑战青椒，辣度3000斯科维尔。

参赛选手站在擂台上，每人分到一个青椒。大家吃得津津有味，赞不绝口："甜丝丝的，口感清爽，吃了还想吃！"

第二轮：挑战线椒，辣度15000斯科维尔。

参赛选手每人分到一枚线椒。吃完线椒，很多人辣得直伸舌头："好辣、好辣！"不少人退出了比赛，最后，剩下了嘟嘟国王和急匆匆先生。

第三轮：挑战小米椒，辣度50000斯科维尔。

嘟嘟国王和急匆匆先生各分到一个小米椒。"咔哧、咔哧"吃完小米椒，两个人辣得脸通红，浑身直冒汗，眼泪鼻涕哗哗流。

麻辣国王忍不住关心地问二人："还继续挑战吗？"

二人抹了一把鼻涕，坚定地说："继续！"

接下来一轮：挑战"辣椒王"海南黄灯笼辣椒，辣度170000斯科维尔。

嘟嘟国王和急匆匆先生各分到一个海南黄灯笼辣椒。这种辣椒很好看，黄澄澄的，像个金黄色的小灯笼。

急匆匆先生拿着辣椒翻来覆去地看，很是喜爱："金黄色的辣椒，看上去就很有食欲呀！"他"咔嚓"一口咬下去，立刻辣得整个嘴都麻了，话都说不出来。他的脸变得通红，跺着脚在地上转圈圈，好半天才断断续续地挤出几个字："我……退……赛！"

嘟嘟国王吃完了整个辣椒，他的嘴巴就像被滚烫的烙铁烙过一样，又红又肿，胃里就像有座火山在喷发。嘟嘟国王疼得说不出话，举着两只手在空中乱抓乱挠，尖声号叫，突然"咕咚"一声，晕倒在地上。

差不多过了半个小时，嘟嘟国王才清醒过来。

麻辣国王冲过去，拉起嘟嘟国王，郑重宣布："这次辣味儿挑战赛的冠军是勇敢的嘟嘟国王！"接着，他双手捧出一个红盒子，大声说："这是本次辣味儿挑战赛的冠军奖品，也是麻辣国的稀世珍宝……"

这么珍贵的奖品是什么呀？大家都好奇地瞪大眼睛。

麻辣国王打开红盒子，里面放着一个皱皱巴巴的大红辣椒。"奖品是——麻辣国最新培育出来的变态魔鬼辣椒，辣度3000000……"

天哪！还没等麻辣国王把话说完，嘟嘟国王飞快地一转身，捂着嘴巴，一溜烟儿地逃跑了。

辣椒营养丰富，尤其是维生素 C 的含量很高。每 100 克辣椒中维生素 C 含量高达 198 毫克，是西红柿的 7 倍，橙子的 4 倍。另外，辣椒还含有一类独特的活性物质——辣椒素。辣椒素功能多多，能增强食欲、帮助消化、促进脂肪代谢，还能镇痛消炎、降血压，等等。

可是，营养如此丰富的辣椒为什么那么辣呢？

辣椒之所以"辣"，纯粹是为了保护种子、繁衍后代。辣椒颜色鲜艳，果肉丰厚，许多动物被吸引过来尝鲜。但是，哺乳动物会把藏在辣椒果实里的种子嚼碎，这可就破坏了辣椒的"繁衍大计"。于是，

　　为了避免哺乳动物吃掉果实，辣椒会分泌很多辣椒素，刺激哺乳动物的口腔细胞，使其产生类似灼烧的痛感，让动物们望而却步。

　　动物们不敢吃辣椒，那么，辣椒的种子是不是就没有办法传播出去了？

　　当然不是！虽然辣椒素能让哺乳动物产生类似烧灼的疼痛感，但鸟类是感受不到辣椒素的刺激的，而且鸟类没有牙齿，不会破坏果实中的种子。于是，辣椒的种子可以完好无损地通过鸟类的消化道，随着其粪便排出，传播到四面八方。

　　有的辣椒微辣或不辣，比如甜椒，但它们会产生拟态，模仿辣椒素高的辣椒的样子，用红彤彤的外表骗过大多数动物，让动物们不敢贸然尝试。

厨房是个实验室

# 辣味儿在哪里

🔍 **实验准备**

辣椒1枚　菜刀、菜板1套　牙签1盒　牛奶1杯

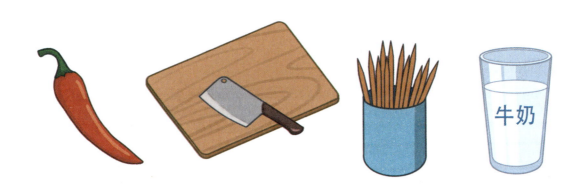

🧪 **实验步骤**

（1）把辣椒竖着从中间切开。

（2）把辣椒里面的白瓤取出。

（3）用牙签把辣椒籽从白瓤上挑下来。

（4）尝一尝辣椒籽，发现辣椒籽并不辣。

（5）尝一尝辣椒果肉的尖部，发现稍微有点儿辣。

（6）待口中辣味消失后，尝一尝辣椒果肉的尾部，发现比尖部要辣一些。

（7）口中辣味消失后，尝一尝白瓤和白色筋膜，发现这个部位最辣！

（8）赶快喝几口牛奶，帮助消除口中的辣味。

**小提示**

（1）实验时，要选用辣度低的辣椒，比如青尖椒等。

（2）如果不能吃辣，可以请能吃辣的家长帮忙完成实验。

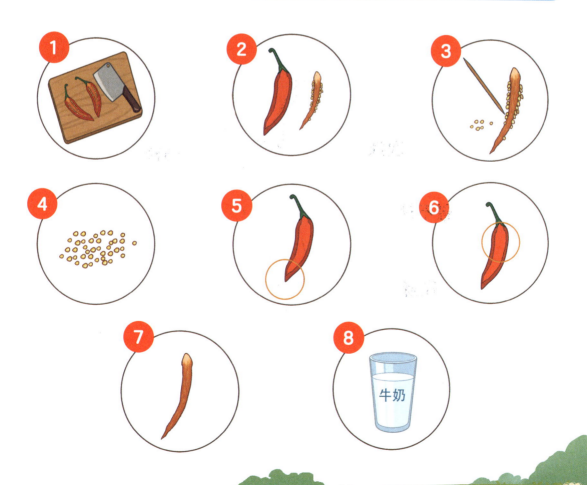

你是不是以为辣椒籽最辣？其实，辣椒最辣的部位是它的"胎座"，即白瓤。辣椒素首先是在胎座中合成的，然后通过隔膜组织运送到果肉和表皮中去，逐渐积累。而辣椒的种子并不产生任何辣椒素。所以，一般情况下，辣椒果实中，胎座的辣椒素含量最高，尝起来最辣。其次是紧挨胎座的辣椒尾部，再次是辣椒的尖部，最不辣的是种子——辣椒籽。

如果你吃不了太辣，可是又想吃辣椒过过瘾，那么把胎座部分去掉，就可以放心吃啦！

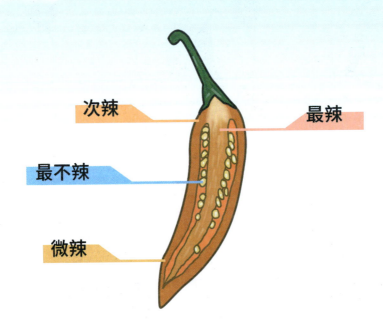

次辣

最辣

最不辣

微辣

# 嘟嘟国王减肥记
## 科学饮食

哎哟哟医生看到嘟嘟国王大吃一惊，他觉得嘟嘟国王太胖了。可嘟嘟国王并不这么认为。那么，嘟嘟国王到底算不算肥胖呢？肥胖的标准是什么？嘟嘟国王为什么会肥胖？肥胖是不是等于营养全面？人体需要的营养有哪些呢？

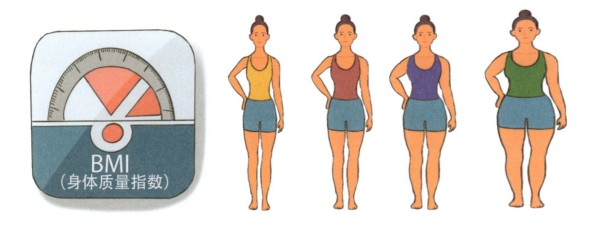

嘟嘟国王正在悠闲地逛街，迎面碰上了哎哟哟医生。

看到嘟嘟国王，哎哟哟医生吃了一惊："哎哟哟！你怎么又胖了！"他围着嘟嘟国王转了好几圈，撇撇嘴，说："你现在绝对属于肥胖！"

"肥胖？怎么可能！"嘟嘟国王不以为然，"我这是富态，怎么能说是肥胖呢？"

"是不是肥胖，我说了不算，你说了也不算。"哎哟哟医生从口袋里掏出一张纸，递给嘟嘟国王，"这是科学家研究出来的判断一个人是否肥胖的标准，你自己看吧！"

嘟嘟国王拿过标准，念道："BMI 等于体重（千克）除以身高（米）的平方……咦？"嘟嘟国王问哎哟哟医生："BMI 是什么？"

"哎哟哟！BMI 是身体质量指数呀！"哎哟哟医生说，"BMI 不到 18.5 属于偏瘦，BMI 在 18.5 到 24 之间属于正常，BMI 在 24 到 28 之间属于超重，BMI 超过 28 属于肥胖。"

"那我的 BMI 是多少呢？"嘟嘟国王拿出一张纸开始计算，"我的身高是 1.6 米，体重是 100 千克。BMI $=100\div1.6^2\approx39$。"

"哎哟哟！哎哟哟！"哎哟哟医生惊叫起来，"你的 BMI 远远超过 28，属于严重肥胖哪！你还不知道肥胖对人体的害处有多大吧？"

嘟嘟国王想了想说："肥胖以后，走路发沉，走几步就要停下来喘粗气。"

"肥胖的危害可不只是喘粗气这么简单。"哎哟哟医生面色凝重地对嘟嘟国王说，"肥胖会引起很多并发症，比如代谢紊乱、糖尿病、心脏病、脂肪肝，等等。"

"啊？这么严重！"嘟嘟国王吓了一大跳，忙问哎哟哟医生，"我为什么会肥胖啊？"

哎哟哟医生说："肥胖的原因很多，有遗传方面的原因。如果父母都肥胖，那么孩子肥胖的概率是 70% ～ 80%；如果父母一方肥胖，那么孩子肥胖的概率

是 40%～50%；如果父母双方都不肥胖，那么孩子肥胖概率只有 14% 哟！另外，还有激素、药物等方面的原因。不过，我看你肥胖的原因只有一个……"哎哟哟医生上下打量着嘟嘟国王，接着说，"那就是，能量摄入过高，但消耗过少，过剩的能量会以脂肪的形式储存在体内，引起肥胖。"

嘟嘟国王挠挠头，嘟囔一句："什么过高过少？我可听不懂。"

"说通俗一点儿，你就是吃得太多，但是运动太少。"哎哟哟医生给嘟嘟国王解释说，"你先来说一说早饭吃了什么吧！"

"早饭，我吃了三袋薯片、两包巧克力，还喝了一大瓶可乐。"嘟嘟国王说着，一扭头看到街边的"什么都有"杂货店，"薯片、巧克力和可乐都是在杂货店买的，杂货店里什么都有！"

哎哟哟医生拉着嘟嘟国王进了杂货店，他在货架上拿起一袋薯片，看了看上面的"营养成分表"，说："上面写着，每 100 克含能量 2301 千焦。这袋薯片正好 100 克。"他又拿起一包巧克力看了看："上面写着，每 100 克含能量 2038 千焦。这包巧克力有 10 块，每块 20 克。"

哎哟哟医生算了算，吓了一跳："哎哟哟！ 1 块小小的巧克力竟然

每100克含能量2301千焦。

有 407.6 千焦的能量！"

嘟嘟国王问："407.6 千焦是多少能量呀？"

哎哟哟医生翻着眼皮想了想，说："这么说吧，你吃 1 块小小的巧克力的能量，相当于一次吃了 6 根黄瓜或 2 个苹果！你吃完一整包巧

克力，需要游泳或跑步 2 小时，才能把吃进去的能量消耗掉！"

嘟嘟国王吃了一惊："天哪！我早餐光巧克力就吃掉了两包！"

哎哟哟医生又拿起一大瓶可乐看了看："这一大瓶可乐 2 升，含能量 3600 千焦。"

哎哟哟医生帮嘟嘟国王算了一下，不算不知道，一算吓一跳："哎哟哟！你一顿早餐竟然吃进去 18655 千焦的能量！要知道，一个成年人一天推荐摄入的能量是 2200 千卡，也就是 9204.8 千焦。你一顿早餐摄入的能量，竟然是一天推荐摄入量的 2 倍多！怪不得你这么胖呢！"

嘟嘟国王还是有点儿不在意，他嘿嘿笑了两声，说："胖就胖吧，吃得多，营养足嘛！"

"不、不、不！"哎哟哟医生连连摇头，"你只是吃得多，可营养并不足！看看包装上的营养成分表就知道，你吃的薯片、巧克力、可乐，除了能量高，营养物质却很少。我们要想身体健康，每天需要吃进去 7 类营养。"

嘟嘟国王很好奇："哪 7 类营养呀？"

哎哟哟医生掰着手指头，数给嘟嘟国王听："碳水化合物、脂肪、蛋白质、水、矿物质、维生素和膳食纤维。"

嘟嘟国王又问："这些营养哪里有呀？"

"食物里有！"哎哟哟医生说，"五谷杂粮含碳水化合物比较多；水果、蔬菜、薯类、粗粮等含丰富的维生素和膳食纤维；植物油、大豆、花生等含有脂肪；牛奶、鸡蛋、猪肉、大虾等含有蛋白质；鱼、虾、动物内脏等含有很多矿物质。要想获得全面营养，每天的饮食就要注意适量摄入各种食物。"

嘟嘟国王懒得自己研究营养搭配，他问："那么早饭、午饭、晚饭该怎样吃才健康呢？"

哎哟哟医生想了一下，说："翻过稀奇古怪国的后山，在山的另一边的山脚下，住着一位营养师，他能告诉你每天吃什么最健康。"

"好吧！"嘟嘟国王转身准备去找营养师，刚走几步，又回来问哎哟哟医生，"有没有快速减肥的秘方呀？我可不想再这么肥胖了！"

哎哟哟医生笑了笑说："一个月后，我再把快速减肥的秘方告诉你。"

嘟嘟国王点点头走了。他每天都要爬过高高的后山，去山的另一边找营养师，然后拿着营养师搭配的"一日营养菜单"，气喘吁吁地翻山回家，按菜单做饭、吃饭。

一个月后，嘟嘟国王来找哎哟哟医生要快速减肥的秘方。

哎哟哟医生不慌不忙地给嘟嘟国王称了称体重，笑着说："哎哟哟，你已经不需要减肥秘方了！经过一个月的科学饮食加爬山运动，现在，你已经成为稀奇古怪国体重最标准的人啦！"

水

脂肪类

你知道吗，吃饭过快很容易引起肥胖。有研究表明，吃饭速度快的人，超重的概率会高很多。

人在吃饭时，食物进入胃里以后，饱腹的信号大约要15分钟后才能传递到大脑。饱腹信号传递到大脑，大脑就知道已经吃饱了，进而发出指令结束进食。如果吃得过快，尽管吃的食物已经足够了，可是饱腹的信号还没来得及传递到大脑，所以，人还会有空腹感，因而会继续进食。长此以往，食物摄入过多，过多的热量在身体里就会转化成脂肪储存起来，人就会发胖。

有人感到疑惑：摄入能量过剩还会营养不良吗？当然会！由于饮食烹饪方式或搭配不科学，即使吃得饱饱、胖胖的人，照样会发生营养不良。

导致营养不良的原因很多。首先，烹饪方式不科学。比如烹饪温度过高、加热时间过长、油炸等，会破坏食物中的维生素。长期吃油炸食品，会导致维生素缺乏。

其次，偏食、挑食、厌食、不吃早餐等不良的饮食习惯也会造成营养不良。比如有人只喜欢吃肉，不喜欢吃菜，就容易引起维生素C的缺乏。

如果想知道"怎样吃"，中国营养学会2022年修订的《中国居民膳食指南（2022）》中的《中国居民平衡膳食宝塔》为人们提供了参考。宝塔分五层，包含我们每天应吃的主要食物种类，各种食物所占大体比例，等等。

## 中国居民平衡膳食宝塔

盐　　　　　　　<5克
油　　　　　　　25～30克

奶及奶制品　　　300～500克
大豆及坚果类　　25～35克

动物性食物　　　120～200克
——每周至少2次水产品
——每天一个鸡蛋

蔬菜类　　　　　300～500克
水果类　　　　　200～350克

谷类　　　　　　200～300克
——全谷物和杂豆50～150克
薯类　　　　　　50～100克

水　　　　　　　1500～1700毫升

# 厨房是个实验室

## 食物的秘密

🔍 **实验准备**

土豆片若干　萝卜片若干　花生米 2 粒　碘酒 1 瓶　滴管 1 个

盘子 1 个　白纸 1 张　擀面杖 1 支

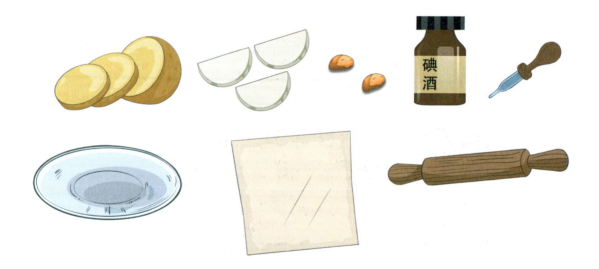

**实验步骤**

（1）把纸折叠，花生米放进纸里。

（2）用擀面杖把花生米压碎。

（3）仔细观察，发现白纸上留下了油渍。

（4）把土豆片和萝卜片放在盘子里。

（5）用滴管分别在土豆片和萝卜片上滴几滴碘酒。静置2分钟，土豆片上的碘酒变蓝了，萝卜片上的碘酒没有变色。

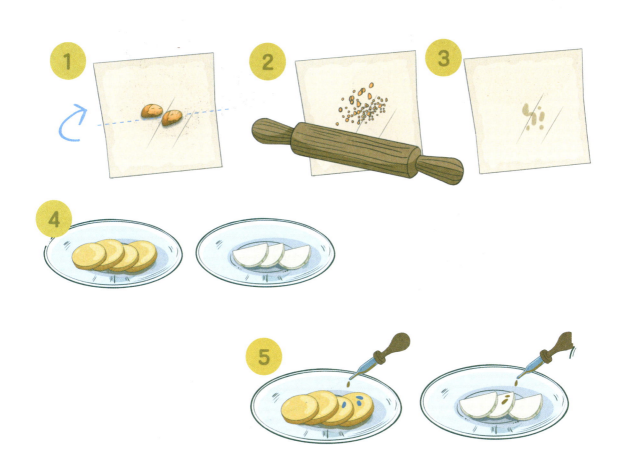

我们每天吃的食物里含有很多营养成分，有的含有丰富的蛋白质，有的含有大量的脂肪，还有的含有各种维生素和矿物质。花生中含有大量的脂肪，所以压碎的花生在白纸上留下了油渍。土豆里含有淀粉，淀粉与碘酒结合后形成了一种新的物质，使得淀粉混合物变成了蓝色；而萝卜里没有淀粉，所以萝卜片上的碘酒没有变色。